Der Untergang des Dampfers „Emil Berenz"

im Zusammenhang mit den gesetzlichen
Bestimmungen über die

Vermessung der Seeschiffe

Von

Dipl.-Ing. E. Waldmann

Danzig-Langfuhr

———

Mit 4 in den Text gedruckten Abbildungen

München und Berlin
Druck und Verlag von R. Oldenbourg
1911